DÉPARTEMENT DE LA SEINE

ARRONDISSEMENT DE SCEAUX

EXPOSITION HORTICOLE

DANS LE PARC DE SCEAUX

Les 6, 7, 8, 9 et 10 Juin

1869

RAPPORT DU SECRÉTAIRE

et Compte rendu du Trésorier de la Commission

SCEAUX

TYPOGRAPHIE DE E. DÉPÉE

Avant la distribution des récompenses, par M. le baron de
Boyer de Sainte-Suzanne, Sous-Préfet de l'arrondissement, Président honoraire de l'horticulture, M. Robine, Secrétaire, a lu
le rapport ci-contre :

Cette lecture terminée, M. le Président honoraire a, au nom
de la Commission, remercié publiquement M. Robine sur la ré-
daction bien ordonnée de son rapport, et sur sa part active et
intelligente à l'organisation de l'Exposition, dont le succès a été
apprécié par tout le monde.

Les Membres de la Commission présents ont, à l'unanimité,
donné leur assentiment aux paroles de M. le Président honoraire.

RAPPORT

SUR

L'EXPOSITION HORTICOLE

LU PAR M. ROBINE

Secrétaire de la Commission

Le 4 Juillet 1869

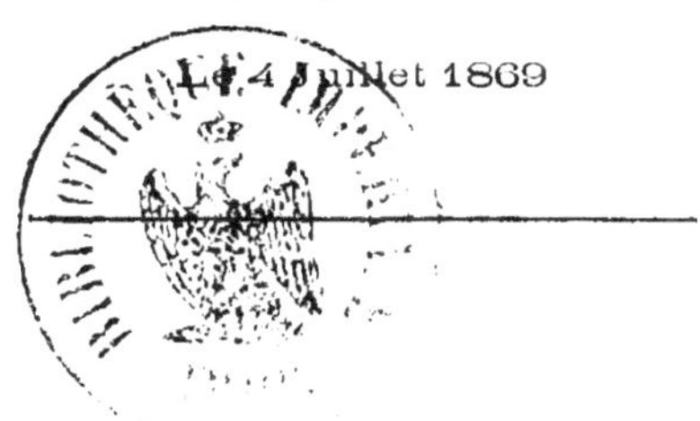

MESSIEURS,

Les Expositions horticoles, comme celles des beaux-arts et tant d'autres, sont les moyens les plus efficaces de faire apprécier les perfectionnements et les progrès réalisés, pour tout ce qui compose ou qui tient à ces Expositions; elles permettent d'établir des points de comparaison, entre les mêmes choses vues à des époques différentes.

D'un autre côté, les Expositions vulgarisent les produits exposés, et en donnant le goût de ces produits, elles en favorisent les débouchés; que ce soit des Expositions *dites* universelles, partielles ou locales, le but est le même. — La nôtre, Messieurs, est de ce dernier ordre, ceux qui en ont eu l'idée et l'ont organisée, ont désiré et essayé de réaliser quatre choses principales, savoir :

1° Réunir et grouper au centre du pays de production, tous les végétaux qui s'y cultivent, afin qu'ils soient plus connus et mieux appréciés.

2° Attirer sur ces cultures diverses et vers notre localité, l'attention des amateurs et des consommateurs des autres pays.

3° Faciliter aux jardiniers et aux horticulteurs, les plus modestes de l'arrondissement, les moyens de se produire et de se faire connaître.

4° Enfin, affirmer la supériorité horticole et fruitière de notre arrondissement.

Ces personnes ont-elles réussi ?

Si nous pouvions avoir l'avis de toutes celles qui ont visité notre Exposition, nous ne croyons pas trop nous avancer, en disant qu'elles seraient en grande majorité pour l'affirmative, car cette exposition était très-belle, elle a dépassé toutes les prévisions, les apports étaient nombreux, beaux et choisis.

L'histoire de notre Exposition remonte à près d'une année ; elle a commencé d'abord par les pourparlers qui ont fait sortir le germe duquel elle est née, puis sont venues les premières démarches et l'entente de personnes, qu'il ne m'appartient pas de nommer, avec **M.** le Sous-Préfet, qui avait eu l'initiative de l'entreprise.

Enfin, le 8 novembre 1868, une réunion préparatoire, composée d'horticulteurs et de jardiniers de l'arrondissement, a été d'avis qu'il y avait lieu d'organiser une Exposition horticole à Sceaux, pour le printemps 1869, que les frais en seraient couverts au moyen de cotisations formant un fonds de garantie, qui serait remboursé au prorata des recettes. Cette réunion, constituée en commission provisoire, a provoqué l'assemblée générale du 6 décembre 1868 ; celle-ci a approuvé les décisions de la réunion préparatoire du 8 novembre, nommé une commission définitive, fixé l'époque de l'Exposition, décidé que le minimum de la cotisation ne serait pas inférieur à 10 fr., et immédiatement, de nombreux versements et des engagements verbaux se sont produits, de manière à former une somme de *deux mille cinq cent soixante francs.*

Les promoteurs et les organisateurs d'une Exposition à Sceaux n'ont eu aucune pensée de faire une opposition ou une concurrence quelconque à qui ou à quoi que ce soit, car ils s'en sont tenus à cette condition, peut-être un peu trop rigoureuse et nouvelle, que l'Exposition serait *spéciale* à l'arrondissement de Sceaux. Et il fallait bien compter sur les forces horticoles de cet arrondissement qui, du reste, est très-probablement celui de France où toutes les branches de l'horticulture sont les plus mises en pratique, pour risquer de prime abord un pareil essai avec l'espoir de réussir.

En outre, toutes les convenances ont été observées, et pour n'en citer qu'une, nous dirons que l'assemblée générale du 6 décembre 1868, en apprenant que la Société impériale et centrale d'horticulture de France ouvrait son Exposition annuelle du 18 au 22 mai, a fixé la nôtre du 6 au 10 juin, bien que cette date ne fût peut-être pas la plus convenable, pour réunir la plupart des végétaux fleuris, qui sont cultivés dans l'arrondissement.

Maintenant, Messieurs, la commission et le bureau qu'elle a nommé doivent aux souscripteurs quelques détails sur les dispositions qn'ils ont prises, la marche qu'ils ont suivie, et l'emploi des fonds qui leur avaient été confiés. Ce dernier chapitre n'a pu être prêt pour aujourd'hui, parce qu'il y a encore des comptes à régler ; il sera établi par M. le trésorier, imprimé à la suite de ce rapport, et ils seront tous deux envoyés aux souscripteurs Quant aux autres travaux, les voici sommairement :

Outre les réunions préparatoires et partielles, la commission a tenu neuf séances ; il serait trop long de vous en donner tous les détails, qui sont établis d'après les procès-verbaux ; nous dirons seulement, que tout ce qui a eu rapport à l'Exposition a été étudié, discuté et adopté avec soin ; les principales questions résolues sont les suivantes :

L'examen des sommes encaissées, des engagements verbaux et des nombreuses adhésions qui se sont produites, la nomination des membres du bureau, la lecture, la discussion et l'adoption du programme, son envoi, ainsi que les premiers procès-verbaux, à toutes les personnes de l'arrondissement qui s'inté-

ressent à l'horticulture, afin de provoquer de nouvelles cotisations. L'affaire importante de la construction d'une tente, pour couvrir notre Exposition, a
occupé la plus grande partie de deux ou trois séances, et occasionné bien des démarches ; le choix du
meilleur emplacement dans le parc, pour la monter,
les visites auprès de feu M. Garnon pour en obtenir
la permission et s'entendre avec la compagnie des
eaux, la nomination des membres du comité d'organisation, etc.

La Commission reçoit de M. le Sous-Préfet, et le
remercie chaleureusement, la communication des
dons accordés par l'Empereur, l'Impératrice, le
Prince impérial, le Ministre de l'agriculture, le Préfet de la Seine, etc. Elle s'occupe des cartes des
souscripteurs et des exposants, des lettres d'invita-
tion, du prix d'entrée à l'Exposition, des ouvriers
jardiniers pouvant entrer gratuitement avec leur
livret, des annonces et de l'affichage ; elle arrête la
liste et nomme les membres du Jury.

La Commission décide aussi que, selon l'usage,
elle offrira un banquet aux Jurés dont les frais et
ceux de quelques autres invités seront prélevés sur

les fonds de la souscription ; elle nomme quatre de ses membres pour s'occuper et suivre cette affaire. Sont aussi nommés, MM. Thibaut et Croux pour recevoir et faire placer les apports sous la tente de l'Exposition.

Elle s'occupe ensuite des gardiens de nuit pour surveiller l'Exposition : d'un receveur pour distribuer les billets d'entrée, et en recevoir les fonds, des contrôleurs, etc. Une réunion spéciale a lieu pour recueillir les offres des membres de la Commission qui fourniront *gratuitement :* chevaux, tombereaux et ouvriers, pour amener du sable et faire les travaux nécessaires, en dessous et autour de la tente, tels que rigoles et fossés pour détourner les eaux, terrassements pour former les allées et les massifs du jardin, etc. Chacun y met de la bonne volonté, et : chevaux, voitures, ouvriers ne manquent pas ; tous ces divers travaux sont vite faits, et au bout de quelques jours, le jardin est terminé.

Enfin, la dernière réunion a eu pour but : de décider le jour de la distribution des récompenses, les démarches à faire pour recueillir les médailles qui nous ont été offertes et faire frapper les autres, du règlement de divers mémoires, des adhésions des membres de la Commission qui pourront envoyer des ouvriers pour remettre en l'état primitif la place et les abords de l'Exposition, etc., etc.

Ainsi, Messieurs, nous espérons que le résumé succinct qui précède vous suffira à juger, que la Commission n'a rien négligé pour arriver à un bon résultat.

Du reste, en cela comme dans tout le cours de nos travaux, chacun s'est acquitté avec loyauté et désintéressement de ce qu'il a été chargé, car tous ceux qui se sont occupés, en premier comme après, de l'œuvre qui se termine aujourd'hui, ont cherché avant tout à en faire profiter les collègues, horticulteurs et jardiniers de l'arrondissement, et à faire un peu de bien à la localité qu'ils habitent.

Avant de terminer cette première partie, remercions les éminents personnages et toutes les personnes qui, par des munificences, des allocations et des dons de médailles, nous ont fait un très-grand honneur et ont allégé nos dépenses.

M. le Sous-Préfet de toutes ses obligeances et de son concours si empressé et si utile, MM. les maires

de presque toutes les communes de l'arrondissement; et les autres souscripteurs, qui ont puissam-
ment contribué à nous tirer des premiers embarras
matériels, en nous aidant à former notre fonds de
garantie.

Nous croyons aussi être l'interprète de la Commission, en remerciant tout particulièrement : M. Lo-
gnon de la part active qu'il a prise aux démarches
pour l'achat d'une tente, ainsi que des soins qu'il a
mis à en surveiller la construction.

M. Louis Keteleer : pour l'habileté, le goût qu'il a
montrés pour diriger les travaux du jardin, le dessi-
ner, et en tirer le meilleur parti possible.

A présent, Messieurs, nous allons passer aux détails qui ont motivé les décisions du Jury. Vous savez
que d'après notre programme, adopté par la Commission, les exposants devaient former deux séries
de concurrents. Le Jury s'est donc conformé à cette
disposition expresse, mais à la répartition générale, pour les prix d'honneur, il a parfaitement
tenu compte de l'importance des apports de chaque
exposant ; ce qui lui était d'autant plus facile, qu'il
avait procédé par premier, deuxième et troisième

prix, selon l'importance, le nombre et le mérite de tous les lots exposés ; mais il faut bien se rendre à l'évidence et être juste, les plus beaux apports des jardiniers de maisons bourgeoises ne venaient à égaliser ceux des horticulteurs, qu'en neuvième ou dixième ligne. — D'un autre côté, notre programme n'indiquant pas, si les médailles d'honneur remplaceraient toutes celles qui auraient été obtenues par le même exposant, les Jurés, suivant en cela l'usage adopté pour les prix qui sont décernés aux Expositions horticoles de Paris, de Versailles et autres, l'ont mis en pratique ici.

Ainsi, dans l'ordre de mérite des récompenses d'honneur, le Jury a surtout tenu compte, non de la quantité de prix, mais bien du nombre de *premiers prix* obtenus par le même exposant.

Donc, en commençant par la première récompense d'honneur, nous voyons qu'elle a été décernée à MM. Thibaut et Keteleer, parce qu'ils sont les seuls, de tous les exposants, qui ont obtenu quatre premiers prix, dont *trois* hors ligne ou supérieurs ; un pour leurs magnifiques Orchidées, Gloxinias, et plantes variées de serre chaude ; un autre pour leurs superbes

Geranium zonale variés, si bien cultivés, et composés de variétés de choix; et le troisième pour Pélargoniums à grandes fleurs, variétés de choix; enfin un premier prix ordinaire pour Géraniums à feuilles panachées.

Venait ensuite, et presque à mérite égal, l'apport de M. Margottin, et certes il y avait là de quoi faire réfléchir le Jury, car M. Margottin avait obtenu trois premiers prix, dont deux hors ligne : un pour sa collection de magnifiques Rosiers tiges; l'autre pour ses superbes Azalées de l'Inde, si bien arrivés pour la saison avancée; un premier prix pour sa collection de Roses coupées; un deuxième prix pour une Rose de semis; et un troisième prix à ses Rosiers nains variés; mais enfin, il n'avait que trois premiers prix, au lieu de quatre obtenus par MM. Thibault et Keteleer.

La troisième récompense d'honneur était la médaille de l'Empereur, elle a été décernée à Madame veuve Froment, parce qu'en suivant l'ordre des mérites, ses apports restaient les seuls qui avaient obtenu deux premiers prix hors ligne; un pour ses splendides plantes de serre chaude; un autre à son beau lot de Fruits et de Légumes forcés, parmi lesquels se trouvaient de magnifiques Ananas, de superbes Melons et de beaux Raisins, etc.; plus un deuxième prix pour Caladiums variés.

Les apports pour les quatrième et cinquième récompenses d'honneur arrivaient aussi presque à mérite égal, car les lots de M. Malet et de MM. Croux et fils avaient obtenu chacun deux premiers prix; mais il avait été décerné à M. Malet un premier prix supérieur pour ses très-beaux Pelargoniums à grandes fleurs, forts et bien cultivés; un autre premier prix à ses superbes Pélargoniums de fantaisie; plus un deuxième prix avait été donné à ses Geranium zonale variés, qui en auraient certainement obtenu un premier, s'ils n'avaient eu pour concurrents ceux tout à fait hors ligne de MM. Thibaut et Keteleer.

La cinquième médaille d'honneur revenait donc de droit à MM. Croux et fils, dont les apports avaient obtenu : un premier prix pour leur fort lot de Rhododendrums; un autre premier prix pour collection d'Aucuba variés; deux seconds prix : un pour trois plantes fortes isolées; et l'autre à leur collection d'Evonymus, d'Osmanthus et de forts Osmanthus Illicifolius; plus deux troisièmes prix, un pour leur groupe de Kalmia Latifolia et Glauca; l'autre à leur Rhododendrum pictum album.

Les lots de **M. Paillet fils** étaient nombreux, mais un seul avait obtenu un premier prix : celui donné à ses Pivoines de la Chine variées en touffes, les plantes étaient belles et bien variées; ensuite quatre seconds prix avaient été décernés pour : collection de Rhododendrums; Conifères en collection; Plantes rares ou de récente introduction; Roses en fleurs coupées en collection; plus trois troisièmes prix : un à ses Aucuba variés; un à un Araucaria imbricata fort; et un à un groupe de Kalmia variés. La sixième récompense d'honneur a été décernée à **M. Paillet fils.**

La septième a été appliquée aux apports de **MM.** Touchais frères : pour une collection de Cannas ayant obtenu un premier prix; une belle collection de Petunias à laquelle a été décerné un deuxième prix; et un autre pour une collection de Plantes à feuillage pour garniture d'appartement, compris un fort Latania ; et un troisième prix pour Begonia variés.

Un beau lot de Plantes de serre chaude et tempérée, ayant obtenu un premier prix supérieur, a valu à M. Tortevoie la huitième médaille d'honneur; celle en argent de S. A. le Prince impérial.

Ensuite la médaille d'honneur en or de M. le maréchal Forey a été décernée à M. Moreau, pour l'ensemble de ses apports, et surtout à cause de sa magnifique collection de Conifères dont les exemplaires étaient parfaits.

Celle en vermeil, grand module, de M. le Sous-Préfet, a été offerte à M. Vaudorme, jardinier-maraîcher à Montrouge, et la médaille de vermeil, grand module aussi, de la ville de Sceaux, à M. Pitel, jardinier-maraîcher, à Vanves, qui avaient obtenu tous deux chacun un premier prix supérieur pour leurs magnifiques lots de Légumes *variés*. Ajoutons encore : que MM. Jamin et Durand avaient exposé de très-beaux arbres fruitiers formés, en palmettes, en vases, à hautes tiges et en cordons, dont ces habiles pépiniéristes ont le secret, pour en faire de véritables modèles ; le jury leur a décerné une *médaille de vermeil*, avec un peu de regret de ne pouvoir faire plus.

Maintenant, Messieurs, *deux primes*, dont l'une de 100 francs, l'autre de 50 francs, devaient, d'après notre programme, être données aux deux apports les plus méritants exposés par deux jardiniers de maisons bourgeoises. Le Jury, après mûr examen, a décerné la prime de 100 francs à M. Duboz-Marcellin, jardinier chez Madame Hachette, au château du Plessis, qui avait le plus de lots et le plus de prix ; un premier pour une belle collection de Pommes de terre bien cultivées, car les hâtives et les tardives étaient arrivées à maturité presque ensemble ; un deuxième prix pour un joli lot de Légumes variés ; un autre deuxième prix pour des Géraniums à grandes fleurs variées ; et enfin un troisième pour des Géraniums Mademoiselle Nillson, en fortes plantes, bien que la variété soit encore nouvelle. L'autre prime de 50 francs a été accordée à M. Billarand, jardinier chez M. Weldon, à Bagneux, qui avait obtenu trois prix : un premier pour son superbe lot de Caladiums variés; un deuxième à sa collection de Geranium zonale variés; et un troisième prix a été donné à deux fortes plantes.

M. Laniel, jardinier chez M. Guérin, à Orly, avait un lot de très-belles plantes de serre chaude, plus quatre fortes plantes, parmi lesquelles était un beau Latania Borbonica. Le Jury a décerné à **M. Laniel** la médaille en vermeil, grand module, de **M.** le Maire de la ville de Sceaux. Enfin M. Charles Henri, jardinier chez **M.** Caillot, à Bagneux, a obtenu la médaille en vermeil de M. Vandermarcq pour ses apports comprenant : un beau lot de Légumes variés, auquel le Jury avait accordé un premier prix ; et un deuxième prix à des fruits forcés.

Peut-être avez-vous pu voir, Messieurs, par les détails sommaires qui précèdent, les considérations qui ont motivé les décisions du jury, pour attribuer les récompenses supérieures. Il serait maintenant trop long de vous les donner pour l'attribution des médailles qui viennent à la suite, et pour ne pas fatiguer votre attention, nous dirons seulement : que le Jury a décidé que les lots qui ont obtenu un premier prix recevraient une médaille d'argent de première classe ; ceux auxquels il a été attribué un deuxième prix auraient une médaille d'argent ordinaire ; et enfin que les troisièmes prix seraient récompensés par une médaille de bronze ; pour chacune de ces médailles, nous aurons soin de dire en faisant l'appel pour quel genre de plantes les lauréats les ont obtenus. (*Voir plus loin la liste générale des récompenses.*)

En finissant ce compte rendu, peut-être déjà trop long, devons-nous exprimer le désir de voir continuer les suites d'un aussi beau début, c'est-à-dire demander si nous ferons encore une ou d'autres Expositions? — Les uns disent oui, les autres disent non. — Nous pensons que succès oblige! et ce qui a sa raison d'être arrivera toujours à un moment ou à un autre. Le premier essai était le plus difficile, maintenant qu'il a été fait, et qu'il a réussi, — il paraît peu probable que toutes les parties intéressées s'en tiendront là. — Il serait donc préférable que la plupart des horticulteurs, des jardiniers et des amateurs d'horticulture de l'arrondissement, et non d'un canton, pour ainsi dire, s'entendissent pour former une société d'Exposition, en versant chacun une cotisation annuelle *fixe* pour former un fond de *garantie*. Si l'entente est bonne, et si l'on y concourt dans l'intérêt de tous, le résultat pour l'avenir ne sera plus douteux, et chacun pourra en retirer honneur et profit.

Après lecture de ce rapport, M. le Président honoraire procède à la remise des récompenses allouées par le jury.

LISTE GÉNÉRALE DES RÉCOMPENSES

1. **M. Billiard fils,** *dit la Graine*, pépiniériste, à Fontenay-aux-Roses.

> Arbustes et Plantes à feuillage panaché :
>
> *Médaille d'argent;*
>
> Arbustes grimpants :
>
> *Médaille de bronze;*
>
> Arbustes rares ou peu connus :
>
> *Médaille de bronze.*

2. **M. Bonnet fils,** horticulteur, au Petit-Vanves (Seine).

> Plantes vivaces de plein air :
>
> *Médaille d'argent, grand module.*

3. **M. Simon fils,** horticulteur, au Petit-Vanves (Seine).

> Plante annuelle de plein air :
>
> *Médaille d'argent;*
>
> Pyrèthre M. Barral :
>
> *Médaille d'argent.*

4. Madame veuve **Froment,** horticulteur, à Montrouge.

> Plantes de serre chaude; Caladium; Légumes et fruits forcés :
>
> *Médaille d'honneur en or* de S. M. L'EMPEREUR.

8. MM. **Touchais frères,** horticulteurs, à Bagneux.

> Apports divers, 4 lots :
>
> *Une Statuette,* prix d'honneur de L'EMPEREUR.

9. M. **Paillet fils,** horticulteur, à Châtenay (Seine).
Apports divers nombreux, 10 lots :
Médaille d'honneur en or de **M.** le Sénateur, Préfet de
la Seine.

10. M. **Duval,** horticulteur, au Petit-Bicêtre (Seine).
Pélargoniums à grandes fleurs, de semis :
Médaille d'argent.

11. M. **Malet,** horticulteur, à Plessis-Piquet (Seine).
Pélargoniums divers, 4 lots :
Médaille d'honneur en or de **S. M.** L'IMPÉRATRICE.

12. MM. **Vilmorin-Andrieux et C**ie, à Verrières, par
Antony (Seine).
Plantes annuelles nouvelles de semis :
Médaille d'argent, grand module.

13. M. **Vaudorme,** jardinier-maraîcher, à Montrouge.
Légumes variés.
Médaille en vermeil, grand module, de **M.** le Sous-
Préfet de Sceaux.

14. MM. **Croux et fils,** pépiniéristes, à Aulnay, commune
de Châtenay (Seine).
Apports divers, 7 lots :
Médaille d'honneur en or de **S. E.** le Ministre de l'A-
griculture, du Commerce et des Travaux publics.

15. MM. **Thibaut et Keteleer,** horticulteurs, à Sceaux.
Apports divers, 4 lots :
*Un service à Chocolat, en porcelaine de Sèvres, dans
son étui.* Premier prix d'honneur de l'EMPEREUR.

16. M. **Margottin**, horticulteur, à Bourg-la-Reine.
>> Apports divers, 5 lots :
>> *Deux vases en porcelaine de Sèvres.* Deuxième prix d'honneur de l'Empereur.

17. M. **Tortevoie**, horticulteur, à Sceaux.
>> Plantes de serre chaude et tempérée :
>> *Médaille d'honneur en argent* de S. A. le PRINCE IMPÉRIAL.

18. M. **Armand Gontier**, pépiniériste, à Fontenay-aux-Roses.
>> Conifères, Collection :
>> *Médaille d'argent, grand module ;*
>> Roses en fleurs coupées :
>> *Médaille de bronze.*

19. M. **Moreau**, pépiniériste, à Fontenay-aux-Roses.
>> Conifères divers, Collection ;
>> Arbres et Arbustes à feuilles panachées et persistantes ; et Yucca :
>> *Médaille d'honneur en or* de S. E. le Maréchal Forey.

20. M. **Calot**, horticulteur, à Douai (Nord).
>> Pivoines nouvelles de semis :
>> *Médaille d'argent, grand module.*

22. MM. **Jamin et Durand**, pépiniéristes, à Bourg-la-Reine.
>> Arbres fruitiers variés, formés :
>> *Médaille de vermeil ;*
>> Pivoines herbacées, Collection :
>> *Médaille d'argent.*

23. M. **Mascré**, horticulteur, à Sceaux.
>Bouquets montés :
>*Médaille de bronze.*

24. M. **Pitel**, jardinier-maraîcher, à Vanves.
>Légumes variés :
>*Médaille en vermeil, grand module*, de la ville de Sceaux.

25. M. **Coudray**, horticulteur, à Bagneux.
>Orangers et Citroniers de la Chine :
>*Médaille d'argent.*

26. M. **Jolly**, horticulteur, à Sceaux.
>Plateaux de fraises :
>*Médaille de bronze.*

27. Madame **Verdier**, à Nogent-sur-Marne.
>Bouquets à la main ;
>Une jardinière garnie :
>*Médaille de bronze.*

31. M. **Laniel**, jardinier, chez M. Guérin, à Orly.
>Plantes de serre chaude variées, etc.:
>*Médaille de vermeil, grand module*, de M. le Maire de Sceaux.

32. M. **Greppo**, amateur, secrétaire de la Sous-Préfecture à Sceaux.
>Cactées diverses ;
>Plantes de serre tempérée :
>*Médaille d'argent, grand module.*

53. M. Famchon, jardinier, chez M. Marquis, à Clamart.

Légumes de saison variés :

Médaille de bronze.

54. M. Billarand, jardinier, chez M. Weldon, à Bagneux.

Caladiums variés ;

Pelargonium zonale variés, etc. :

Médaille d'argent, et prime de 50 francs.

55. M. Duboz-Marcellin, jardinier, chez Madame Hachette, au château du Plessis-Piquet.

Apports divers, 4 lots :

Médaille d'argent, et prime de 100 francs.

56. M. L. Philippe, jardinier, chez M. Bertron, à Sceaux.

Pelargonium zonale variés :

Médaille d'argent ;

Calandium variés :

Médaille de bronze ;

Hoya carnosa :

Médaille de bronze.

57. M. Boutard, jardinier, chez M. de Nadaillac, au château de Rougemont.

Un Pélargonium double nain, *semis* :

Médaille de bronze ;

Begonia variés de semis :

Médaille d'argent.

58. M. Léger, jardinier, chez M. Lenoir, à Sceaux.

Petunia variés :

Médaille d'argent ;

Géranium Gloire de Paris :

Médaille de bronze.

59. M. **Lépine**, jardinier, chez M. Grosjean, à Neuilly (Seine).

> Geranium zonale, semis :
> *Médaille de bronze.*

60. M. **Denant**, jardinier, chez madame Malteste, à Sceaux.
> Coleus variés :
> *Médaille de bronze.*

61. M. **Charles Henri**, jardinier, chez M. Caillot, à Bagneux.

> Légumes variés et fruits forcés :
> *Médaille en vermeil*, offerte par M. Vandermarcq.

62. M. **Poisson**, jardinier, chez M. Boucicaut, à Fontenay-aux-Roses.

> Corbeille de Raisins et deux Pruniers en fruits :
> *Médaille d'argent.*

63. M. **Obé**, jardinier, chez M. Guidoux, à Fontenay-aux-Roses.

> Calcéolaires variés :
> *Médaille d'argent, grand module.*

64. M. **Desjours**, jardinier, chez M. Champion, à Bourg-la-Reine.

> 4 Chrysanthèmes frutescens, fortes plantes :
> *Médaille de bronze.*

65. M. **Lequin**, jardinier, chez M. Pennequin, à Sceaux.
> Verveines variés :
> *Médaille de bronze ;*
> Pelargonium zonale variés :
> *Médaille de bronze.*

90. M. **Eugène Monerat,** constructeur d'appareils de
chauffage, à Châtenay.
Médaille d'argent.

91. M. **Honoré Monerat,** constructeur d'appareils de
chauffage, à Clamart.
Médaille d'argent.

DÉLIBÉRATION DE LA COMMISSION

Convoquée par lettres du 4 août 1869

Séance du 8 Août 1869

Compte rendu par le trésorier

Etaient présents : MM. Malet, Président; Keteleer, Vice-Président; Paillet fils, Secrétaire; Greppo, Trésorier : Philippe. Joly, Auboin, Jamin, Margottin, Croux, Tortevoie.

La séance étant ouverte, M. le Président donne la parole au trésorier pour rendre compte des opérations de caisse se rapportant à l'exposition.

M. Greppo, trésorier, dépose sur le bureau : 1° toutes les pièces constatant les recettes et les dépenses; 2° le solde numéraire s'élevant à la somme de 2,395 fr. 60; 3° puis il résmeu les opérations.

Recettes

1° Montant des cotisations, suivant état nominatif des
Souscripteurs et en regard la somme que chacun
d'eux a versée. . . . .   3,190 fr.

2° Montant des sommes perçues à l'entrée de l'Exposition, les 6, 7, 8, 9 et 10 juin 1869. . . .   2,280 fr. 75

3° Subvention allouée par M. le Sénateur, Préfet
de la Seine (arrêté du 19 juin 1869). . . . .   500 fr.

Total des Recettes. .   5,970 fr. 75

Le trésorier fait remarquer que le mandat de la subvention de 500 fr. n'est pas encore entre ses mains, mais qu'il
y a lieu de penser que cette somme pourra être encaissée
d'ici à quelques jours.

Dépenses.

1° Tente d'abri . . . — Location , assurance ,
                        sommation. . . .   1,754 fr. 80

2° Perception à l'entrée. — Personnel, agents de
                        surveillance, etc. .   215   »

3° Impressions. . . . — Circulaires , program-
                        me, affiches, etc. .   448   »

4° Récompenses . . . — Achat de médailles, ré-
                        compenses pécuniai-
                        res   638   05

5° Organisation. . . . — Repas, appropriation à
                        sa destination de
                        l'emplacement à oc-
                        cuper, etc. . . .   415   60

6° Frais de bureau . . — Des deux secrétaires,
                        du trésorier . . .   103   70

Total des dépenses. . .   3,575 fr. 15

Solde numéraire représenté. . .   2,395   60

Total égal a la recette. . .   5,970 fr. 75

Proposition tendant à l'emploi de la somme de 2,395 fr. 60 disponible aujourd'hui 8 août 1869.

Aux termes de la circulaire du 6 décembre 1868, dont les exemplaires ont été répandus dans l'arrondissement, il a été décidé, par l'Assemblée générale, réunie à l'hôtel de la Sous-Préfecture, sous la présidence de M. le baron de Boyer de Sainte-Suzanne, sous-préfet, qu'il serait remboursé aux souscripteurs, au prorata des sommes versées, tout ce qui excéderait les besoins du service de l'exposition : ce tout étant aujourd'hui représenté par un solde numéraire, déposé sur le bureau, de . . . . 2,395 fr. 60.

Le trésorier émet l'avis que cette somme soit employée de la manière suivante :

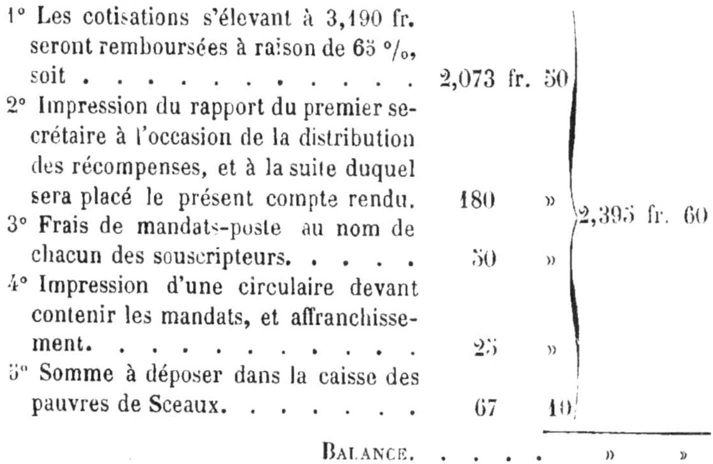

1° Les cotisations s'élevant à 3,190 fr. seront remboursées à raison de 65 %, soit . . . . 2,073 fr. 50

2° Impression du rapport du premier secrétaire à l'occasion de la distribution des récompenses, et à la suite duquel sera placé le présent compte rendu. 180 »

3° Frais de mandats-poste au nom de chacun des souscripteurs. . . . . 50 »

4° Impression d'une circulaire devant contenir les mandats, et affranchissement. . . . . 25 »

5° Somme à déposer dans la caisse des pauvres de Sceaux. 67 10

{2,395 fr. 60

BALANCE. . . . . » »

Le trésorier fait remarquer que la somme de 2,073 fr. 50

ne variera pas, puisqu'elle est calculée à raison de 65 p. 0/0 sur le chiffre de 3,190 fr., montant des cotisations, que les quatre autres sommes pourront changer en plus ou en moins, attendu qu'elles sont indiquées approximativement sur des renseignements recueillis, mais que la liquidation n'en sera pas moins entière et définitive, car l'attribution, au Bureau de bienfaisance de Sceaux, mentionnée plus haut pour 67 fr. 10, sera augmentée ou diminuée pour solder ; de telle sorte qu'il ne restera rien en caisse.

Enfin, le trésorier sollicite, de la Commission, l'approbation de son compte de gestion, et, comme dans sa pensée des opérations de liquidation doivent être contrôlées, il demande que M. Robine, secrétaire, lui soit adjoint pour, de concert, procéder à ces opérations finales.

Deux membres, MM. Croux et Jolly, font remarquer que le sieur Legrand, restaurateur, réclame 20 fr. pour deux personnes ayant pris part au repas offert au jury, et qui se sont retirées sans se faire connaitre, et 12 fr. pour eau de seltz non comprise dans le menu, au total. . . . . 32 fr. »

Et que le sieur Saunier a vendu de la graine de gazon pour être répandue sur l'emplacement de l'exposition 3 50

M. le président propose d'allouer au garçon de bureau de la Sous-Préfecture, pour soins donnés à la préparation de la salle des réunions de la Commission, une somme de 20   »

Total. 55 50

Sur l'acquit de ces 55 fr. 50,

La Commission :

Décide qu'ils seront prélevés sur les 67 fr. 10 attribués au Bureau de bienfaisance de Sceaux, d'après le rapport du trésorier, cette dernière somme devant probablement être augmentée par suite de la diminution des frais d'impression et autres, évalués ensemble à 255 fr.

Sur le compte rendu par le Trésorier :

La Commission,

Approuve le compte de gestion mis sous ses yeux ;
Admet la liquidation sur les bases proposées ;
Adopte la pensée d'adjoindre, au trésorier, M. Robine, secrétaire, pour procéder définitivement à la liquidation ;
Enfin, elle se déclare dissoute à partir de ce jour, attendu qu'elle a atteint le but de la mission à elle confiée par l'Assemblée générale réunie à cet effet, le 6 décembre 1868, à la Sous-Préfecture...

Sceaux. — Imprimerie de E. Dépée.

SCEAUX — TYPOGRAPHIE DE E. DÉPÉE

www.ingramcontent.com/pod-product-compliance
Lightning Source LLC
LaVergne TN
LVHW020623180726
843502LV00006B/1845